全国人民代表大会常务委员会关于全面禁止非法野生动物交易、革除滥食野生动物陋习、切实保障人民群众生命健康安全的决定

中国法制出版社

目　　录

全国人民代表大会常务委员会关于全面禁止非法野生动物交易、革除滥食野生动物陋习、切实保障人民群众生命健康安全的决定

（2020年2月24日第十三届全国人民代表大会常务委员会第十六次会议通过）

为了全面禁止和惩治非法野生动物交易行为，革除滥食野生动物的陋习，维护生物安全和生态安全，有效防范重大公共卫生风险，切实保障人民群众生命健康安全，加强生态文明建设，促进人与自然和谐共生，全国人民代表大会常务委员会作出如下决定：

一、凡《中华人民共和国野生动物保护法》和其他有关法律禁止猎捕、交易、运输、食用野生动物的，必须严格禁止。

对违反前款规定的行为，在现行法律规定基础上加重处罚。

二、全面禁止食用国家保护的“有重要生态、科学、社会价值的陆生野生动物”以及其他陆生野生动物，包括人工繁育、人工饲养的陆生野生动物。

全面禁止以食用为目的猎捕、交易、运输在野外环境自然生长繁殖的陆生野生动物。

对违反前两款规定的行为，参照适用现行法律有关规定处罚。

三、列入畜禽遗传资源目录的动物，属于家畜家禽，适用《中华人民共和国畜牧法》的规定。

国务院畜牧兽医行政主管部门依法制定并公布畜禽遗传资源目录。

四、因科研、药用、展示等特殊情况，需要对野生动物进行非食用性利用的，应当按照国家有关规定实行严格审批和检疫检验。

国务院及其有关主管部门应当及时制定、完善野生动物非食用性利用的审批和检疫检验等规定，并严格执行。

五、各级人民政府和人民团体、社会组织、学校、新闻媒体等社会各方面，都应当积极开展生态环境保护和公共卫生安全的宣传教育和引导，全社会成员要自觉增强生态保护和公共卫生安全意识，移风易俗，革除滥食野生动物陋习，养成科学健康文明的生活方式。

六、各级人民政府及其有关部门应当健全执法管理体制，明确执法责任主体，落实执法管理责任，加强协调配合，加大监督检查和责任追究力度，严格查处违反本决定和有关法律法规的行为；对违法经营场所和违法经营者，依法予以取缔或者查封、关闭。

七、国务院及其有关部门和省、自治区、直辖市应当依据本决定和有关法律，制定、调整相关名录和配套规定。

国务院和地方人民政府应当采取必要措施，为本决定的实施提供相应保障。有关地方人民政府应当支持、指导、帮助受影响的农户调整、转变生产经营活动，根据实际情况给予一定补偿。

八、本决定自公布之日起施行。

关于《全国人民代表大会常务委员会关于全面禁止非法野生动物交易、革除滥食野生动物陋习、切实保障人民群众生命健康安全的决定（草案）》的说明

——2020 年 2 月 24 日在第十三届全国人民代表大会常务委员会第十六次会议上

全国人大常委会法制工作委员会主任　沈春耀

委员长、各位副委员长、秘书长、各位委员：

我受委员长会议委托，作关于《全国人民代表大会常务委员会关于全面禁止非法野生动物交易、革除滥食野生动物陋习、切实保障人民群众生命健康安全的决定（草案）》的说明。

一、作出决定的必要性和草案的形成过程

当前，对滥食野生动物严重威胁公共卫生安全问题，社会反映强烈。习近平总书记在 1 月 27 日的重要批示中，深刻指出了非法交易、滥食野生动物的突出问题及对公共卫生安全构成的重大隐患，提出了完善相关立法、坚决取缔和严厉打击非法野生动物市场和贸易、革除滥食野生动物的陋习等明确要求。2 月 3 日，中央政治局常委会会议对此作出了重要部署。全国人大常委会党组高度重视，栗战书委员长指示尽快对有关法律进行研究，以最严格的法律条文禁止和严厉打击一切非法捕杀、交易、食用野生动物的行为。王晨副委员长指示从立法、修法和监督的角度，尽快为禁止滥食野生动物、确保人民群众生命健康提供法治保障。经研究，全面修订野生动物保护法需要一个过程，在疫情防控的关键时期，由全国人大常委会通过一个专门决定既十分必要又十分紧迫。2 月 5 日，中央全面依法治国委员会第三次会议讨论了全国人大常委会作出专门决定的有关问题，习近平总书记作了重要讲话，对相关立法提出了明确要求。

在全国人大常委会党组领导下，全国人大环境与资源保护委员会、常委会法制工作委员会具体负责起草工作，与国家林草局、农业农村部、市场监管总局、司法部等有关部门及时沟通、交换意见，拟订了《全国人民代表大会常务委员会关于全面禁止非法野生动物交易、革除滥食野生动物陋习、切实保障人民群众生命健康安全的决定（草案）》，征求了31个省、自治区、直辖市人大常委会和48个中央国家机关、有关研究机构的意见，并根据各方面意见进行了修改完善。委员长会议决定提请本次常委会会议审议。

二、关于草案的内容

草案将“全面禁止非法野生动物交易、革除滥食野生动物陋习、切实保障人民群众生命健康安全”作为决定名称，聚焦滥食野生动物的突出问题，目的就是要在相关法律修改之前，全面禁止食用野生动物，严厉打击非法野生动物交易，为维护公共卫生安全和生态安全，保障人民群众生命健康安全提供有力的立法保障。决定草案共8条，主要内容如下：

（一）全面禁止食用野生动物

现行野生动物保护法重在野生动物的保护，禁食的法律规范限于国家重点保护野生动物和没有合法来源、未经检疫合格的其他保护类野生动物。因此，必须在野生动物保护法的基础上，以全面禁止食用野生动物为导向，扩大法律调整范围，从源头上防范和控制重大公共卫生安全风险。各方面普遍赞同全面禁止食用野生动物。草案确立了全面禁止食用野生动物的制度：

一是，首先强调凡野生动物保护法和其他有关法律明确禁止食用野生动物的，必须严格禁止（草案第一条第一款）。对违反者，在现行法律基础上加重处罚，以体现更加严格的管理和严厉打击。

二是，全面禁止食用国家保护的“有重要生态、科学、社会价值的陆生野生动物”和其他陆生野生动物，包括人工繁育、人工饲养的野生动物。捕捞鱼类等天然渔业资源是一种重要的农业生产方式，也是国际通行做法，渔业法等已对此作了规范，根据各方面的一致意见，鱼类等水生野生动物不列入禁食范围。（草案第二条第一款）

考虑到鸽、兔等人工养殖、利用时间长、技术成熟，人民群众已广泛接受，牦牛等养殖、利用在民族地区具有一定传统，所形成的产值、从业人员具有一定规模，有些在脱贫攻坚中还发挥着重要作用。对这些动物，不应归为野生动物，而应当按照畜牧法的规定，作为家畜家禽列入畜牧法规定的“畜禽遗传资源目录”（即家畜家禽目录），对其养殖、利用包括食用等，依照畜牧法进行管理。作这样区别处理，既贯彻体现了全面、从严禁食野生动物的精神，又从实际出发，不至对相关产业带来大的影响。据此，草案规定：“列入畜禽遗传资源目录的动物，属于家畜家禽，适用《中华人民共和国畜牧法》的规定。”“国务院畜牧兽医行政主管部门依法制定并公布畜禽遗传资源目录。”（草案第三条）作这样规定，国务院行政主管部门可通过目录明确可繁育、饲养（包括食用）的具体畜禽品种，并可根据情况作出调整。

（二）对非食用性利用野生动物加强管理

按照野生动物保护法、中医药法、城市动物园管理规定等法律和国家有关规定，因科研、药用、展示等特殊情况，可以对野生动物进行非食用性利用，同时规定了实行严格审批和检疫检验制度。对非食用性利用野生动物，草案还要求国务院及其有关主管部门及时制定、完善相关审批和检疫检验规定，加强审批和检疫检验管理。（草案第四条）

（三）严格禁止非法野生动物交易

当前，野生动物非法交易仍在一些地方广泛存在，“野味产业”规模庞大。禁止食用野生动物，必须同时全面禁止以食用为目的的野生动物交易，斩断非法利益链条。据此，草案作了如下明确规定：

一是，强调凡野生动物保护法和其他有关法律明确禁止猎捕、交易、运输野生动物的，必须严格禁止。（草案第一条第一款）

二是，与全面禁止食用野生动物的规定相一致，全面禁止以食用为目的的猎捕、交易、运输在野外环境自然生长繁殖的陆生野生动物的行为。（草案第二条第二款）

（四）严厉惩治非法食用、交易行为

对非法食用、交易野生动物的行为，必须以严格明确的法律责任规定予以有力惩治。据此，草案规定：

一是，对违反野生动物保护法和其他有关法律规定，猎捕、交易、运输、食用野生动物的，在现行法律有关规定的基础上加重处罚。（草案第一条第二款）

二是，对本决定增加的非法食用和以食用为目的猎捕、交易、运输野生动物的行为，参照适用野生动物保护法等法律关于同类违法行为的处罚规定进行处罚。（草案第二条第三款）

（五）明确全社会革除滥食野生动物陋习

解决滥食野生动物问题，既要依法严厉打击，又要加强宣传教育和引导。草案要求全社会成员自觉增强生态保护和公共卫生安全意识，移风易俗，革除滥食野生动物陋习，养成科学健康文明的生活方式。（草案第五条）

（六）切实保障本决定和有关法律贯彻实施

2016 年修订野生动物保护法，针对滥食野生动物等突出问题，确立了保护优先、规范利用、严格监管等原则，建立了一系列科学、合理的野生动物保护制度。但从各方面反映的情况看，有的相关配套法规没有及时出台、完善，监督检查和执法力度也不够，对非法野生动物交易市场没有坚决取缔、关闭，带来诸多风险和隐患。本决定出台后，国务院及其有关部门等应当依法制定、调整相关名录，出台配套规定，细化落实决定的各项要求；健全执法管理体制，落实执法管理责任，加强监督检查和责任追究，严格查处违反本决定和有关法律法规的行为，确保本决定得到切实贯彻落实。（草案第六条、第七条第一款）

有的意见提出，本决定的出台实施，可能会给部分饲养动物的农户带来一些经济损失。为保障本决定的贯彻执行，各级人民政府应当采取必要的措施，有关地方人民政府应当为受影响的农户提供必要的指导、帮助和一定补偿。经研究，草案规定："国务院和地方人民政府应当采取必要措施，为本决定的实施提供相应保障。有关地方人民政府应当支持、指导、帮助受影响的农户调整、转变生产经营活动，根据实际情况给予一定补偿。"（草案第七条第二款）

需说明的是，全国人大常委会作出本决定后，按照党中央关于构建系统完备、科学规范、运行有效的疫情防控法律体系的要求，下一步还将全面梳理现行有关法律规定，抓紧野生动物保护法、动物防疫法、生物安全法等立法修法工作，并认真评估传染病防治法等法律的修改完善问题，适时启动有关修法工作。

决定草案和以上说明是否妥当，请审议。

全国人民代表大会宪法和法律委员会关于《全国人民代表大会常务委员会关于全面禁止非法野生动物交易、革除滥食野生动物陋习、切实保障人民群众生命健康安全的决定（草案）》审议结果的报告

全国人民代表大会常务委员会：

常委会第十六次会议于 2 月 24 日上午对关于全面禁止非法野生动物交易、革除滥食野生动物陋习、切实保障人民群众生命健康安全的决定（草案）进行了分组审议。普遍认为，由全国人大常委会作出专门决定，贯彻党中央关于为打赢新冠肺炎疫情阻击战提供法治保障的决策部署，回应人民群众的普遍关注，在现行野生动物保护法等法律规定基础上，扩大

法律的适用范围，全面禁止食用野生动物、严格禁止非法野生动物交易，有利于加强生态文明建设，防范重大公共卫生风险，保障人民群众生命健康安全，十分必要、意义重大。草案针对性强，是可行的，赞成提请本次常委会会议表决通过。同时，有些常委会组成人员还提出了一些修改意见。

宪法和法律委员会于2月24日中午召开会议，逐条研究了常委会组成人员的审议意见，对草案进行了审议。全国人大环境与资源保护委员会、农业与农村委员会和司法部、农业农村部、国家市场监督管理总局、国家林业和草原局有关负责同志列席了会议。宪法和法律委员会认为，全国人大常委会出台专门决定是必要的、可行的，草案已经比较成熟。同时，提出以下主要修改意见：

一、有的常委委员建议，将本决定宗旨中的“维护生态安全”修改为“维护生物安全和生态安全”。宪法和法律委员会经研究，建议采纳这一意见，对草案作相应修改。

二、一些常委会组成人员提出，除草案第五条规定的各级政府、学校、新闻媒体外，人民团体、社会组织等都应当积极开展生态环境保护和公共卫生安全的宣传教育，建议增加这方面的内容。宪法和法律委员会经研究，建议采纳这一意见，对草案作相应修改。

三、一些常委会组成人员提出，政府及其有关部门应当明确执法管理职责，加强协调配合，加大执法力度，对非法野生动物交易市场坚决予以取缔、关闭。宪法和法律委员会经研究，建议将草案第六条修改为：各级人民政府及其有关部门应当健全执法管理体制，明确执法责任主体，落实执法管理责任，加强协调配合，加大监督检查和责任追究力度，严格查处违反本决定和有关法律法规的行为；对违法经营场所和违法经营者，依法予以取缔或者查封、关闭。

此外，还对草案作了个别文字修改。

在审议中，有些常委会组成人员还对疫情防控相关立法修法工作及本决定通过后的贯彻实施等提出了一些意见和建议。宪法和法律委员会建议，有关方面要贯彻党中央关于构建系统完备、科学规范、运行有效的疫情防控法律体系的要求，抓紧野生动物保护法、动物防疫法、生物安全法等立法修法工作，并认真评估传染病防治法等法律的修改完善问题，适时启动有关修法工作。各级人民政府及其有关部门要做好本决定的宣传和舆论引导工作，及时制定、调整相关名录和配套规定，切实加强监管并严格执法，保证本决定有效实施。

决定草案建议表决稿已按上述意见作了修改，宪法和法律委员会建议提请本次常委会会议审议通过。

决定草案建议表决稿和以上报告是否妥当，请审议。

全国人民代表大会宪法和法律委员会

2020年2月24日

全面禁止非法野生动物交易 革除滥食野生动物陋习

——全国人大常委会法工委有关部门负责人答记者问

一、全国人大常委会此时出台这个《决定》的主要考虑和重要意义是什么?

答: 当前，全国上下众志成城、团结奋战，正全力做好新冠肺炎疫情防控工作。疫情发生以来，对滥食野生动物的突出问题及对公共卫生安全构成的重大隐患，社会各界广泛关注。党中央高度重视。习近平总书记多次作出重要指示。2 月 3 日，习近平总书记在中央政治局常委会会议研究应对新型冠状病毒肺炎疫情工作时发表重要讲话，明确指出食用野生动物风险很大，但“野味产业”依然规模庞大，对公共卫生安全构成了重大隐患。再也不能无动于衷了！讲话明确提出要完善相关立法、坚决取缔和严厉打击非法野生动物市场和贸易、革除滥食野生动物的陋习、控制重大公共卫生风险等任务要求，作出重要部署。栗战书委员长要求全国人大有关委员会和常委会有关工作机构，深入学习领会、切实贯彻落实习近平总书记重要指示和党中央决策部署，尽快对有关法律进行研究，以最严格的法律条文禁止和严厉打击一切非法捕杀、交易、食用野生动物的行为。近来，一些人大代表、政协委员、专家学者和媒体也呼吁全面禁食野生动物。经研究，全面修订野生动物保护法需要一个过程，在疫情防控的关键时刻，由全国人大常委会尽快通过一个专门决定，既十分必要又十分紧迫。

全国人大常委会出台一个专门决定，能够聚焦滥食野生动物的突出问题，在相关法律修改之前，先及时明确全面禁止食用野生动物，严厉打击非法野生动物交易，为打赢疫情阻击战、保障人民群众生命健康安全提供有力的立法保障。同时，出台一个专门决定，对于提高全体社会成员的生态保护和公共卫生安全意识，革除滥食野生动物陋习，推动生态文明建设，促进人与自然和谐共生，也具有重要意义。

二、《决定》对全面禁止食用野生动物是如何规定的?

答：现行野生动物保护法重在野生动物的保护，禁食的法律规范限于国家重点保护野生动物和没有合法来源、未经检疫合格的其他保护类野生动物。对“三有”类野生动物（即“有重要生态、科学、社会价值的陆生野生动物”）和其他非保护类陆生野生动物是否禁止食用，野生动物保护法和其他法律没有作出明确规定。这是一个制度短板和漏洞。从这次疫情防控以来的舆情和反映看，各方面普遍赞同全面禁止食用野生动物。《决定》在野生动物保护法的基础上，以全面禁止食用野生动物为导向，扩大法律调整范围，确立了全面禁止食用野生动物的制度，从源头上防范和控制重大公共卫生安全风险：

一是，首先强调凡野生动物保护法和其他有关法律明确禁止食用野生动物的，必须严格禁止。

二是，全面禁止食用国家保护的“有重要生态、科学、社会价值的陆生野生动物”以及其他陆生野生动物，包括人工繁育、人工饲养的陆生野生动物。

三是，对违反现行法律规定的，在现行法律基础上加重处罚；对本决定增加的违法行为，参照适用现行法律有关规定处罚，以体现更加严格的管理和严厉打击。

三、全面禁食野生动物需要注意把握好哪些界限？

答：正确理解全面禁食野生动物，需要把握好以下几点。

第一，捕捞鱼类等天然渔业资源是一种重要的农业生产方式，也是国际通行做法，渔业法等已对此作了规范，根据各方面的一致意见，按照《决定》的有关规定，鱼类等水生野生动物不列入禁食范围。

第二，比较常见的家畜家禽（如猪、牛、羊、鸡、鸭、鹅等），是主要供食用的动物，依照畜牧法、动物防疫法等法律法规管理。还有一些动物（如兔、鸽等）的人工养殖利用时间长、技术成熟，人民群众已广泛接受，所形成的产值、从业人员具有一定规模，有些在脱贫攻坚中发挥着重要作用。按照《决定》的规定，这些列入畜牧法规定的“畜禽遗传资源目录”的动物，也属于家畜家禽，对其养殖利用包括食用等，适用畜牧法的规定进行管理，并进行严格检疫。国务院畜牧兽医行政主管部门依法制定并公布畜禽遗传资源目录，家畜家禽的具体范围按照国家公布的目录执行。

第三，按照野生动物保护法、中医药法、实验动物管理条例、城市动物园管理规定等法律法规和国家有关规定，因科研、药用、展示等特殊情况，可以对野生动物进行非食用性利用，同时应当按照国家有关规定实行严格审批和检疫检验制度。对非食用性利用野生动物，《决定》要求国务院及其有关主管部门及时制定、完善相关审批和检疫检验规定，加强审批和检疫检验管理。

《决定》作上述规定，既贯彻体现了全面、从严禁食野生动物的精神，又从实际出发，不至对非食用性利用野生动物、家畜家禽业规范发展带来大的影响。

四、《决定》对全面禁止非法野生动物交易作了哪些规定？

答：当前，野生动物非法交易仍在一些地方广泛存在，“野味产业”规模庞大。全面禁止食用野生动物，必须同时全面禁止以食用为目的的野生动物交易及相关行为和活动，包括有形市场、网络交易、黑市交易、走私贩卖等各种非法野生动物交易行为和活动，斩断非法野生动物交易利益链条。据此，《决定》作了如下明确规定：**一是**强调凡野生动物保护法和其他有关法律明确禁止猎捕、交易、运输野生动物的，必须严格禁止。**二是**与全面禁止食用野生动物的规定相一致，全面禁止以食用为目的的猎捕、交易、运输在野外环境自然生长繁殖的陆生野生动物的行为。**三是**规定严格的法律责任，加大执法力度。

五、政府及其有关部门在贯彻实施《决定》方面应做好哪些工作？

答：全国人大常委会通过的这个决定，属于有关法律问题的决定，具有法律效力。各级人民政府及其有关部门应当采取必要措施，保证本决定有效实施。**一是**，组织动员社会各方面，广泛宣传、正确理解《决定》出台的重要意义和主要内容，大力普及生态环境保护、公共卫生法律法规和科学知识，为《决定》的贯彻实施创造良好环境。**二是**，依据《决定》和有关法律，制定、调整相关名录和配套规定，细化落实《决定》的各项要求。**三是**，本决定的出台实施，可能会给部分饲养动物的农户带来一些经济损失，有关地方人民政府应当支持、指导、帮助受影响的农户调整、转变生产经营活动，根据实际情况给予一定补偿。**四是**，健全执法管理体制，明确执法责任主体，落实执法管理责任，加强协调配合，加大监督检查和责任追究力度，严格查处违反《决定》和有关法律法规的行为；对违法经营场所和违法经营者，依法予以取缔或者查封、关闭。

还需要强调的是，解决滥食野生动物问题，既要依法严厉打击，又需要各方面共同努力，必须坚持依法治国和以德治国相结合。全体社会成员都要自觉增强生态保护和公共卫生安全意识，移风易俗，革除滥食野生动物陋习，养成科学健康文明的生活方式。

六、全国人大常委会法工委对下一步相关立法修法工作有哪些考虑？

答：按照党中央关于完善疫情防控相关立法、构建系统完备科学规范运行有效的疫情防控法律体系、全面加强公共卫生安全的部署和要求，全国人大常委会通过《决定》后，我们要继续深入学习贯彻习近平总书记重要讲话精神，聚焦防控工作中的薄弱环节，坚持问题导向，补短板、强弱项，修改完善疫情防控相关法律，为全面提高依法防控、依法治理能力提供有力法治支撑和保障。下一步，我们要抓紧全面梳理现行有关法律规定，统筹开展相关立法修法工作。初步考虑有以下几个方面：**一是**修改野生动物保护法，拟将这一修法项目列入十三届全国人大常委会2020年度立法工作计划。**二是**修改动物防疫法，这一修法项目已经列入十三届全国人大常委会2020年度立法工作计划，由全国人大农业农村委牵头起草，预计近期可能提请全国人大常委会审议。**三是**积极推进生物安全法草案审议和修改完善工作，生物安全法草案已经2019年10月十三届全国人大常委会第十四次会议初审，今年需要加快工作进程。**四是**全面梳理有关法律规定，认真评估传染病防治法等法律的修改完善，认真研究健全国家公共卫生应急管理体系相关立法修法问题，适时启动有关立法修法工作。

全国人民代表大会常务委员会关于全面禁止非法野生动物交易、革除滥食野生动物陋习、切实保障人民群众生命健康安全的决定

QUANGUO RENMIN DAIBIAO DAHUI CHANGWU WEIYUANHUI GUANYU QUANMIAN JINZHI FEIFA YESHENG DONGWU JIAOYI、GECHU LANSHI YESHENG DONGWU LOUXI、QIESHI BAOZHANG RENMIN QUNZHONG SHENGMING JIANKANG ANQUAN DE JUEDING

经销/新华书店
印刷/鸿博睿特（天津）印刷科技有限公司
开本/850 毫米×1168 毫米 32 开　　印张/1　字数/10 千
版次/2020 年 2 月第 1 版　　2020 年 2 月第 1 次印刷

中国法制出版社出版
书号 ISBN 978－7－5216－0899－1　　定价：4.00 元

北京西单横二条 2 号
邮政编码 100031　　传真：010－66031119
网址：http：//www.zgfzs.com　　编辑部电话：010－66066621
市场营销部电话：010－66033393　　邮购部电话：010－66033288

（如有印装质量问题，请与本社印务部联系调换。电话：010－66032926）